Tourismus als (sinnliche) Erfahrung des (fiktiven) Raums. Geschichte und Gestaltung des Tourismusraums

Axel Kolbeinsson

Bibliografische Information der Deutschen Nationalbibliothek:

Die Deutsche Nationalbibliothek verzeichnet diese Publikation in der
Deutschen Nationalbibliografie; detaillierte bibliografische Daten sind
im Internet über http://dnb.d-nb.de abrufbar.

ISBN: 9783346695734
Dieses Buch ist auch als E-Book erhältlich.

Druck und Bindung: Books on Demand GmbH, Norderstedt Germany
Gedruckt auf säurefreiem Papier aus verantwortungsvollen Quellen

Das Buch bei GRIN: https://www.grin.com/document/1256822

Hausarbeit

Fachwissenschaftliches Seminar: Paradigmen der sozialwissenschaftlichen Geographie

---

Tourismus als (sinnliche) Erfahrung des (fiktiven) Raums: selektive Wahrnehmung oder kritische Reflexion?

Verfasst von

Axel Kolbeinsson

Studienfach: Geographie und Wirtschaftskunde

Masterstudium Lehramt Sekundarstufe

Abgabedatum: Samstag, 9. Juli 2022

Inhaltsverzeichnis

1.   Einleitung

Der Begriff Urlaub löst bei der durchschnittlichen Person ein positives Gefühl aus. Dies ist darauf zurückzuführen, dass unabhängig von der Urlaubsform, sei es der Badeurlaub am adriatischen Strand, der Städtetrip nach Barcelona oder die exotische Safari in Kenia, die grundlegenden Unterschiede zum Alltag zuhause gegeben sind. Kaspar (1996) definiert Tourismus als die „Gesamtheit der Beziehungen und Erscheinungen, die sich aus der Reise und dem Aufenthalt von Personen ergeben, für die der Aufenthaltsort weder hauptsächlicher und dauernder Wohn- noch Arbeitsort ist." (S. 16) Urlaub als Form des Tourismus wird durch die Welttourismusorganisation (WTO, 2008) definiert als das Verlassen des gewohnten Habitats zum Aufbruch in eine neue Umgebung zu beruflichen oder privaten Zwecken. In diesem verändert sich das Verhältnis zum Raum, es entstehen neue Bewegungs- und Zeitrhythmen und das soziale Gefüge verändert sich (Hennig, 1999).

Während das Alltagsleben durch sich wiederholende, bestimmte und begrenzte Räume wie etwa der Gang zum Supermarkt, die Joggingrunde oder der Weg zwischen Arbeit und Zuhause, gekennzeichnet ist, wird Urlaub als schier grenzenloser Kontrast zu diesem wahrgenommen. Die Strukturen sind nicht mehr fixiert, die Gestaltung des Raumes obliegt dem Einzelnen: der Zeitpunkt an dem aufgestanden, schlafen gegangen oder Nahrung zu sich genommen wird ist nahezu frei festlegbar. Urlaub ist demnach auch durch eine Veränderung des Zeitgefühls gekennzeichnet (Hennig, 1999).

Ebenso behalten gewöhnliche Verhaltensvorschriften nur begrenzt ihre Gültigkeit in touristischen Umgebungen. Dies ist einerseits durch die lediglich temporäre Auseinandersetzung mit Einheimischen oder anderen TouristInnen, andererseits durch die gänzliche Fremdheit dieser, charakterisiert. Fehlverhalten bleibt für das eigene Leben in den meisten Fällen ohne Folgen, da sich die soziale Bezugsgruppe bestehend aus Freunden und Verwandten ohnehin zuhause befindet. Somit schafft Urlaub als temporäre Abschaffung der „zweckrationalen Durchorganisierung des Alltags" (Hennig, 1999, S. 45) hin zum „Ziel und zwecklosen Dasein" (Hennig, 1999, S. 45) ein Gefühl für Sehnsucht und Imagination.

Es wird jedoch nicht ausschließlich der Urlaub an sich idealisiert, sondern auch die Urlaubsdestination. Ob durch den Reiseprospekt mit bearbeiteten Imagebildern oder durch die geschwollene Erzählung eines Instagram-Influencers, das Bild der Destination wird dadurch verzerrt und in die Fiktion gezogen. Hennig (1999) beschreibt treffend, dass die „eigenen Erfahrungsräume [...] wesentlich durch Phantasie und Fiktion geformt werden." (S. 54). Dabei wird beispielsweise der Besuch des Eiffelturms in Paris paradoxerweise als malerisches Highlight des Städtetrips gesehen, während die Wirklichkeit durch Regenwetter, lange Wartezeiten und unangenehme Gerüche gekennzeichnet ist.

Die Arbeit beschäftigt sich mit den Ursprüngen der menschlichen Gewohnheit in Tourismusräume ihre eigene fiktive Realität zu projizieren, der Wechselwirkung zwischen der Wahrnehmung und der Gestaltung des Tourismusraums, sowie einer empirischen Untersuchung zu den menschlichen Urlaubsgewohnheiten, von welchen auf die Aktualität des Wiederspruchs geschlossen werden soll.

2. Entwicklung des Tourismusraums

Touristische Räume sind nicht per se existent, sondern werden laut (Wöhler, Pott, & Denzer, 2010) Wöhler, Pott & Denzer (2010) „durch individuelle und kollektive Bedeutungszuschreibungen [...] erst zu Tourismusräumen gemacht." (S. 11). Für das Bestehen von Tourismusräumen muss demnach durch die Vorstellung bzw. die Imagination der Entwurf des Raumes individuell erfolgen. Robinson (1976, in Hopfinger, 2007) geht sogar soweit, als dass Tourismusräume erst durch die räumliche Distanz zum Alltagsraum entstehen können. Dies kann wiederum mit dem von Urry & Larsen (2011) formulierten „Tourist Gaze" in Verbindung gebracht werden. Dabei wird der Raum, in dem sich der Tourist befindet, ganz anders betrachtet und wahrgenommen als der Alltagsraum. Die Beobachtung des Raums findet hier jedoch unter Miteinbezug bzw. im Kontext der eigenen kulturellen und gesellschaftlichen Darstellung eben dieses Tourismusraums statt. Doch auch der Tourist selbst beeinflusst den Tourismusraum maßgeblich. Laut Crang (2004) besteht eine Wechselwirkung zwischen der Wahrnehmung und der Gestaltung des Tourismusraums: Tourismus erfindet, kreiert und erneuert bzw. verändert Orte.

2.1. Historische Entwicklung

Hennig (1999) zufolge, kann der touristische Blick seit jeher als unrealistisch beschrieben werden. Er begründet dies im Ursprung des Tourismus in Zeiten, wo Landschaften von Dichtern oder Malern romantisiert und ästhetisiert und damit gleichzeitig realitätsfern dargestellt wurden. Er nennt beispielsweise Harold, Turner oder Friedrich (vgl. Hennig, 1999, S. 57) als die Begründer der heutigen Sicht des Meeres oder Hallers und Rousseaus Darstellungen den Ursprung der Vorstellungen von Gebirgszügen. Die Problematik hierbei liegt darin, dass sich Kunst und Literatur als Medien zur realitätsgetreuen Darstellung von Landschaften nur bedingt eignen, da bewusst Fantasie – anregende Adjektive ihre Verwendung finden, bzw. Landschaften ästhetischer dargestellt werden als in der Realität. Dies führt unweigerlich zu der Kreation einer subjektiven Wunschvorstellung eines fiktiven Raums, welche unmöglich gänzlich erlebt werden kann. Um die Enttäuschung während des tatsächlichen Erlebens des Raums zu minimieren, wurde beispielsweise das „Claude-Glass" erfunden (Hennig, 1999). Dabei handelt es sich um einen sogenannten Konvexspiegel, welcher die Möglichkeit bot, sich durch die langsame Annäherung an die Landschaft, ebendiese möglichst nah an die fiktive Realität des gemalten Bildes anzugleichen. Dadurch konnte das real Erlebte in Echtzeit durch Wahrnehmungsverzerrung gemäß der kulturell beeinflussten Wunschvorstellung verschönert werden.

2.2.   Stand heute

Heute wird nicht mehr das Claude-Glass verwendet, sondern eine Kamera oder ein Smartphone; das Prinzip bleibt jedoch unverändert: die Beeinflussung der Realität durch technische Hilfsmittel (Hennig, 1999). Der Urlauber sieht Tourismusräume durch die veränderte Realität anderer. Dies kann einerseits durch die Broschüre des Reiseveranstalters passieren, welcher, wie eingangs beschrieben, mit perfekten Imagebildern des Reiseziels wirbt, oder aber auch der Reiseblogger, welcher mit diversen Bildbearbeitungsprogrammen das Reiseziel in Szene setzt. Das Ergebnis unterscheidet sich nur unwesentlich von der Claude-Glass Problematik: die Touristen kreieren ihre eigene Vorstellung vom Reiseziel und werden dann eventuell durch das tatsächliche Erlebnis enttäuscht.

3. Wechselwirkung zwischen der Wahrnehmung und der Gestaltung des Raums

Wie bereits zu Beginn erläutert, besteht laut Crang (2004) eine Wechselwirkung zwischen der Wahrnehmung und der Gestaltung des Tourismusraums. Der Tourist passt sich an die Destination an so wie sich die Destination durch den Touristen verändert. Positive Veränderungen beinhalten beispielsweise die Verbesserung der Annehmlichkeiten des Reiseziels; den Aufbau von Gemeinschaftsstolz und Identitätsgefühl; die Unterstützung von Gemeinschaftsunterhaltung und Unternehmen; die Bereitstellung neuer Ausbildungs- und Beschäftigungsmöglichkeiten; die Aufrechterhaltung der Stabilität der Gemeinschaft; und die Horizonterweiterung durch interkulturellen Kontakt (Bell Planning Associates, 1994, in Craik, 1995). Zu den negativen Auswirkungen gehören Standortnutzungskonflikte mit ökologischen, kulturellen, wirtschaftlichen und visuellen Problemen; regionale Unterschiede zwischen erfolgreichen und weniger erfolgreichen Standorten; ein „kultureller Drift" und Kommodifizierung; höhere Lebenshaltungskosten und die Verdrängung von Einheimischen; erhöhte Kriminalität durch Prostitution, Drogen, Glücksspiel oder Diebstahl; das Untergraben lokaler Traditionen und Lebensweisen; das erhöhte Risiko für Infektionskrankheiten und Umweltverschmutzung; sowie ein erhöhter Druck auf Dienstleistungen und Einrichtungen (Bell Planning Associates, 1994, in Craik, 1995). Um das Phänomen genauer analysieren zu können bedarf es der Erklärung des Destinations-Lebens-Zyklus nach Butler (1980).

3.1. Destinations-Lebens-Zyklus

Die Entwicklung der meisten Tourismusdestinationen kann am Prinzip des Destinations-Lebens-Zyklus nach Butler (1980) beschrieben werden. Dieser gliedert sich in mehrere aufeinanderfolgenden Phasen: (a) Erkundungsphase, (b) Erschließungsphase, (c) Entwicklungsphase, (d) Konsolidierungsphase, (e) Stagnationsphase, sowie (f1) Verfall, (f2) Stabilisierung oder (f3) Erneuerung. Diese Phasen setzen sich aus dem Verhältnis der Anzahl der Touristen und der vergangenen Zeit in Jahren zusammen. Die Phasen werden in den folgenden Absätzen beschrieben.

Am Beginn eines Destinations-Lebens-Zyklus steht die Erkundungsphase (a). Diese ist geprägt durch die fast gänzliche Unbekanntheit einer Destination. Folglich besteht keine Infrastruktur für den Tourismus und wodurch die Erkundung der Destination für die wenigen Pioniertouristen einen Entdeckungscharakter innehat.

Mit der Erschließungsphase (b) beginnt der sukzessive Aufbau der Destination für touristische Zwecke. Es werden etwa die Verkehrs- und die Beherbergungsinfrastruktur aufgebaut, wodurch die Zahl der Touristen langsam zu steigen beginnt.

In der dritten Phase, der Entwicklungsphase (c), ist die Errichtung der Infrastruktur weitgehend abgeschlossen. Durch Werbemaßnahmen für die Destination steigen die Tourismuszahlen stark an, wodurch viele neue Arbeitsplätze geschaffen werden. In manchen Gegenden kann in weiterer Folge von Massentourismus gesprochen werden, welcher sowohl zu Belastungen für die dort ansässige Bevölkerung aber auch zu Belastungen für die Umwelt kommt.

Aufgrund der umfangreichen Infrastruktur, welche die Unterbringung der Massen forciert, wird die weitere Verbauung der Landschaft gefördert, wodurch akuter Platzmangel entsteht. Die Anzahl der Touristen steigt kaum bis gar nicht, während sich soziale Probleme und Umweltprobleme intensivieren. Wir sprechen von der Konsolidierungsphase (d) sowie der Stagnationsphase (e): die Attraktivität der Destination nimmt ab.

Auf diese Phasen folgen drei Szenarien abhängig von den politischen und gesellschaftlichen Interventionen. Aufgrund von keinem oder zu geringem Handeln seitens der Verantwortlichen wird die Überfüllung der Destination und der damit verbundenen Umweltverschmutzung weitergeführt, wodurch die Destination immer mehr an Attraktivität verliert. Folglich gehen auch die Touristenzahlen zurück, die Destination nähert sich ihrem Verfall (f1). Werden Maßnahmen getätigt, welche die Probleme verringern spricht man von Stabilisierung (f2). Dieser Ausgang ist ebenso von einem Rückgang der Touristenzahlen gekennzeichnet, welcher sich jedoch bei einem bestimmten Maß, welches für die Region tragbar ist, einpendelt. Werden überaus positive Maßnahmen ergriffen oder die Destination für bestimmte Zielgruppen attraktiver gestaltet, kann es auch zur Erneuerung (f3) kommen. Hierbei sind die Umweltfreundlichkeit der Destination, sowie die ökonomische Stabilität durch gut zahlende, spezielle Zielgruppen gegeben.

3.2. Beispiel-Destinationen

Für die Entwicklung und subsequente Veränderung von Tourismuszielen aufgrund steigender Zahlen von Touristen gibt es einige prominente Beispiele. Die indonesische Insel Bali soll hier stellvertretend für weitere Destinationen die Problematik aufzeigen.

Bali wurde zwar in den 20er Jahren des vergangenen Jahrhunderts bereits als Tourismusdestination bezeichnet. Der regelrechte Ansturm auf die Insel entwickelte sich jedoch erst in den 1970er Jahren nach gezielten Werbemaßnahmen durch die Weltbank (Picard,

2008). Die Touristenzahlen stiegen von anfangs unter 30,000 auf über 300,000 pro Jahr während gleichzeitig die Bettenanzahl von weniger als 500 auf über 4000 erhöht wurde. Schon zu Beginn der touristischen Entwicklungen äußerten sich manche Balinesen skeptisch bis kritisch zu den Veränderungen. Sie waren im Zwiespalt, da der Tourismus einerseits als Gefahr für die reichhaltige Kultur des Inselstaates gesehen, andererseits aber auch die ökonomischen Vorteile der Entwicklungen erkannt wurden. Um die eigene Kultur zu schützen wurde „pariwisata budaya" (Picard, 2008, S. 160) eingeführt, eine Regelung, welche vorsah, dass die Einnahmen, welche durch den Kulturtourismus entstanden waren, wieder zur Erhaltung der Kultur eingesetzt werden. Diese sah ebenso eine strikte Trennung zwischen Kulturgut, welches zu touristischen Zwecken kommerzialisiert werden sollte und den Teilen der Kultur, der den Balinesen vorbehalten war, vor. So wurden Tempelfeste, Rituale und weitere kulturelle bzw. religiöse Feierlichkeiten mit Touristen geteilt um dem guten Ruf als exotische Destination für Feste und Feierlichkeiten zu erhalten (Picard, 2008). Die Problematik entwickelte sich laut Picard (2008) erst in Folge der Ausweitung des kommerzialisierten Kulturguts auf Kosten der Einheimischen, welche heute Schwierigkeiten ihr Kulturgut vom touristifizierten Gut zu differenzieren. Der balinesische Tourismus beschreibt laut Crang (2004) eine kleine Kultur, die eine groß angelegte touristische Entwicklung erlebt hat, welche wirtschaftliche und kulturelle Veränderungen mit sich brachte. Auch er spricht davon, dass die balinesische Kultur durch eine touristische Kultur „ersetzt" wird, wobei lokale Rituale für Touristen neu verpackt werden.

Hier kommen einige der Veränderungen beschrieben in Craik (1995) zum Vorschein. Bali scheint heute als Tourismusdestination in der Phase der Stagnation (e) angekommen zu sein: die Entwicklung der jährlichen Touristenzahlen auf 6,28 Millionen (2019) führt zu nachhaltigen Problemen im Bereich Umwelt und Ökologie (Strummel, 2021). Trotz der „Touristifizierung" scheint es als hätte die Destination wenig an Attraktivität eingebüßt. Dies ist nicht verwunderlich, da der Mensch zur „Selektion und Montage der eigenen Wahrnehmungen" (Hennig, 1999, S. 55) neigt. Fischer (1984, in Hennig, 1999) liefert dazu empirische Ergebnisse aus der Südsee. Dazu wurden Touristen, welche nicht als typische Massentouristen, sondern als Reisende mit tertiärer Bildung und umfassender Reiseerfahrung, bezeichnet werden, zu ihren Erwartungen, Eindrücken und Erfahrungen bezüglich ihres Reiseortes befragt. Dabei handelte es sich um das Südsee Archipel West-Samoa. Hinsichtlich ihrer Vorstellung des Tourismusraums gaben die Befragten an, weiße Strände, Palmen, die zum Wasser reichen und Einheimische die Kokosnüsse bringen, zu erwarten. Darüber hinaus sollte die Destination wenige Menschen, wenig Technik, Zivilisation und damit verbunden wenig Vorschriften ausmachen. Dieser erlebte Freiraum wird in den Vorstellungen der Befragten untermalt durch ein gutes, nicht zu kaltes Klima, ein sauberes Wasser, welches zum Tauchen einlädt, reichhaltige Fischpopulationen sowie eine fröhliche, liebenswerte, herzhafte und unkomplizierte einheimische Bevölkerung. Zusammengefasst, wurde das typische Bild des „Südsee-Paradies" beschrieben, welches in der Reiseliteratur des 18 Jahrhunderts ihren Ursprung fand und heute in der Bevölkerung fest verankert ist (Hennig, 1999).

Im zweiten Schritt wurden die Touristen von Fischer nach ihren Eindrücken vor Ort befragt. Trotz des Umstandes, dass das real Erlebte weitegehend von den Vorstellungen und Erwartungen abwich, hielten die Reisenden an ihrer fiktiven Raumkonstruktion fest. Dies ist besonders darauf zurückzuführen, dass „jene Elemente akzentuiert [werden], welche die Vorstellung vom ‚Südsee-Paradies' bestätigen" (Hennig, 1999, S. 56).

Ähnlich beschreibt Hennig (1999) auch die Erfahrung Reisender im Vergleich zu Einheimischen. In seinem Beispiel, der italienischen Region Toskana, selektieren die Reisenden in ihrer Wahrnehmung, wodurch beispielsweise nur die malerischen mittelalterlichen Dörfer, Olivenhaine, historische Weinkeller, stattliche Kathedralen oder Alleen mit Zypressen aufgenommen werden. Viele Aspekte des real Erlebten werden dabei ausgeblendet. Hennig (1999) setzt die Wahrnehmung des Touristen in Kontrast mit der Wahrnehmung der Einheimischen, indem er auf den Leser anregt, sich vorzustellen wie beispielsweise eine Hausfrau oder ein Student, welche lokal in der Toskana ansässig sind ihre Umgebung wahrnehmen würden.

Dieses Phänomen ist letztendlich auf die natürliche selektive Wahrnehmung des Menschen zurückzuführen. Würde man alle Sinneseindrücke gleichzeitig verarbeiten, käme dies einem Systemabsturz gleich.

3. Empirische Untersuchung

Da es sich bei Urlaub und Tourismus um eine Thematik handelt, die den Großteil der entwickelten Gesellschaft betrifft, war es naheliegend, eine empirische Untersuchung durchzuführen. Diese sollte Aufschluss über die Urlaubs- und Reisegewohnheiten der allgemeinen Bevölkerung geben und analysieren, inwiefern diese durch die Konstruktion eigener Erfahrungsräume und Erwartungsräume beeinflusst werden.

3.1 Forschungsdesign

Durch das Umfragetool Lime Survey wurde ein Fragebogen mit acht Fragen zusammengestellt. Dieser wurde in zwei Teile gegliedert: in Teil 1 wurden allgemeine Informationen zu Alter (f1) Geschlecht (f2) und durchschnittliche Anzahl an Urlauben mit mindestens einer Übernachtung pro Jahr (f3) abgefragt, während in Teil 2 die Urlaubsgewohnheiten näher analysiert wurden. Zur Auswahl standen Single Choice (f1—f3, f7), Multiple Choice (f4-f6) sowie eine 5 Punkt Likert Skala für f8, bei welcher Aussagen je nach Zustimmung bewertet werden sollten.

Die Auswahlmöglichkeiten für f1 wurden eingeteilt in (a) <18 Jahre, (b) 18-24 Jahre, (c) 25-30 Jahre, (d) 31-40 Jahre, (e) 41-50 Jahre und (f) 50+. Für Frage f2 bestand die Möglichkeit der Auswahl von (a) männlich und (b) weiblich. Das Auslassen der Frage wurde als divers gewertet und die Teilnehmer von dieser Maßnahme in Kenntnis gesetzt. Hinsichtlich f3 wurde differenziert zwischen (a) 0-2 Urlauben, (b) 3-5 Urlauben, (c) 6-8 Urlauben und (d) 8+ Urlauben pro Jahr mit mindestens einer Übernachtung.

Im Teil 2 bestand die erste Frage (f4) in einer allgemeinen Bewertung von Reisemotiven nach Hartmann (1962) wo die TeilnehmerInnen die auf sie zutreffenden Aussagen auswählen sollten:

1. **Erholungs- und Ruhebedürfnis**
   a. Ausruhen, Abschalten, Herabsetzung geistig-seelischer Spannung, Minderung des Konzentrationsgrades
   b. Abwendung von Reizfülle, keine Hast und Hetze
2. **Bedürfnis nach Abwechslung und Ausgleich**
   a. Tapetenwechsel, Veränderung gegenüber dem Gewohnten
   b. Neue Anregungen bekommen, etwas Neues, ganz anderes erfahren und erleben als das Alltägliche, neue Eindrücke gewinnen
   c. im Alltag nicht beanspruchte Fähigkeiten verwirklichen, sich selbst entfalten, zu sich selbst kommen

3. **Befreiung von Bindungen**

   a. Unabhängigkeit von sozialen Regelungen, tun, was man will, sich frei und ungezwungen bewegen, auf niemand Rücksicht nehmen
   b. Befreiung von Pflichten, Ausbrechen aus den alltäglichen Ordnungen

4. **Erlebnis- und Interessenfaktoren**

   a. Erlebnisdrang, Neugierde, Sensationslust
   b. Reiselust, Fernweh, Wanderlust
   c. Interesse an fremden Ländern, Menschen und Kulturen
   d. Kontaktneigung
   e. Geltungsstreben, „oben sein", sich bedienen lassen

Im Fragebogen wurden die Items randomisiert ohne ihrer respektiven Kategorien angegeben.

Frage (f5) beschäftigte sich mit grundlegenden Reisemotiven der österreichischen Bevölkerung nach Mörth und Steckenbauer (2006). Diese konnten ebenso in 3 Kategorien eingeteilt werden:

1. **Badeurlaub mit Begleitung**

   a. Urlaub bedeutet für mich am Strand liegen, baden, sonnen und faulenzen.
   b. Urlaub verbringe ich gerne in einer Runde von Freunden und Bekannten.

2. **Kennenlernen fremder Länder**

   a. Meinen Urlaub verbringe ich nicht an einem Ort, sondern bereise eine Gegend, die mich interessiert und die ich mir dann anschaue.
   b. Es ist ein Traum von mir, einmal um die Welt zu reisen.
   c. In einem Urlaub versuche ich, mir in möglichst kurzer Zeit viel anzuschauen.

3. **Organisierte Bildungsreisen**

   a. Ich nehme gerne an organisierten Busreisen teil.
   b. Ich mache gerne Bildungs-, Studien- und Kulturreisen.

In Frage (f6) wurden die TeilnehmerInnen aufgefordert ihre präferierten Quellen zur Inspiration für Reisen auszuwählen: (a)Reisemagazine, Prospekte, (b) Reiseführer print, (c) Reiseführer online, (d) Reisebüro, (e) Internet „Google Suche", (f) Soziale Medien (Instagram, Facebook, Pinterest, etc.) – allgemein, (g) Soziale Medien – Stars, Influencer, Blogger, etc. und (h) Freunde, Verwandte, Bekannte.

Frage (f7) forderte die Teilnehmenden dazu auf, den folgenden Satz zu vervollständigen: „Ich plane meinen Urlaub _____". Die Antwortmöglichkeiten bestanden aus (a) „bereits zuhause, damit ich möglichst viel sehen und erleben kann, die Urlaubszeit bestmöglich nutze." Und (b)

„erst vor Ort, informiere mich gegebenenfalls bereits vorab, aber lasse den Urlaub auf mich zukommen".

Die abschließende Frage (f8) wurde als 5 Punkt Likert Skala konzipiert, wobei folgendes Schema verwendet wurde:

1 - trifft völlig zu

2 - trifft zu

3 - teils teils

4 - trifft weniger zu

5 - trifft nicht zu

Die Teilnehmenden sollten die untenstehenden Aussagen nach ihrem Zutreffen bewerten:

1. Die bekannten Sehenswürdigkeiten ("must see's") zu besichtigen ist mir wichtig
2. Die Kultur des Landes kennenzulernen (Tänze, Rituale, etc.) ist mir wichtig
3. Der Urlaub muss meine Erwartungen nicht erfüllen (n)
4. Ich male mir schon zuhause aus, wie der Urlaub sein wird
5. Mir ist es wichtig, dass meine Freunde, Verwandte, Kollegen wissen, wie ich meinen Urlaub verbringe
6. Mir ist es egal was meine Freunde, Verwandte, Kollegen über meinen Urlaub denken (n)
7. Es ist mir wichtig, dass meine Urlaubsbilder besonders schön sind
8. Ich genieße die Sehenswürdigkeiten, bevor ich Fotos mache
9. Ich spreche auch über nicht erfüllte Erwartungen nach dem Urlaub
10. Meine Urlaube erfüllen normalerweise immer meine Erwartungen

Die Items 3 und 6 wurden negativ formuliert und hier mit einem (n) markiert.

3.2 Ergebnisse

Der Fragebogen wurde von N=53 Personen ausgefüllt, wovon 47 vollständig und sechs Personen teilweise geantwortet haben. Zwei der sechs Personen haben lediglich den Fragebogen geöffnet, die anderen vier Personen konnten die Fragen f1 und f2 beantworten. Im weiteren Verlauf werden nur vollständig ausgefüllte Fragebögen gewertet.

Die Mehrheit der Befragten (18) gab an zwischen 18 und 24 Jahre alt zu sein, gefolgt von 50+ (12), 25-30 Jahre (9) sowie 31-40 und 41-50 Jahre mit jeweils 4 Angaben. Keine teilnehmende Person gab an unter 18 Jahren alt zu sein. Mehr als ¾ der Befragten (78,72%) gaben an, weiblich zu sein, 10 Personen wählten die Option männlich. 27 Personen (57,45%) gaben an durchschnittlich 3-5 Urlaube mit mindestens einer Übernachtung pro Jahr durchzuführen, gefolgt von 13 (27,66%) mit 0-2 Urlauben, 4 Personen (8,51%) mit 6-8 Urlauben und 3 Personen (6,38%) mit 8 oder mehr Urlauben.

Hinsichtlich der Antwortmöglichkeiten bei frage f4 waren „Interesse an fremden Ländern, Menschen und Kulturen" mit 36 und „Reiselust, Fernweh, Wanderlust" mit 32 Antworten die beliebtesten Antwortmöglichkeiten, gefolgt von „Neue Anregungen bekommen, etwas Neues, ganz anderes erfahren und erleben als das Alltägliche, neue Eindrücke gewinnen" (26) und „Ausruhen, Abschalten, Herabsetzung geistig-seelischer Spannung, Minderung des Konzentrationsgrades" (25). Die Antwort „Befreiung von Pflichten, Ausbrechen aus den alltäglichen Ordnungen" traf für 24 Personen, und „Tapetenwechsel, Veränderung gegenüber dem Gewohnten" für 23 Personen zu, gefolgt von „Erlebnisdrang, Neugierde, Sensationslust" mit 19 Antworten. Weniger zutreffend waren die Antwortmöglichkeiten „Abwendung von Reizfülle, keine Hast und Hetze" (10), „im Alltag nicht beanspruchte Fähigkeiten verwirklichen, sich selbst entfalten, zu sich selbst kommen" (6), „Unabhängigkeit von sozialen Regelungen, tun, was man will, sich frei und ungezwungen bewegen, auf niemand Rücksicht nehmen" (4), sowie „Kontaktneigung" (3) und „Geltungsstreben, „oben sein", sich bedienen lassen" (1).

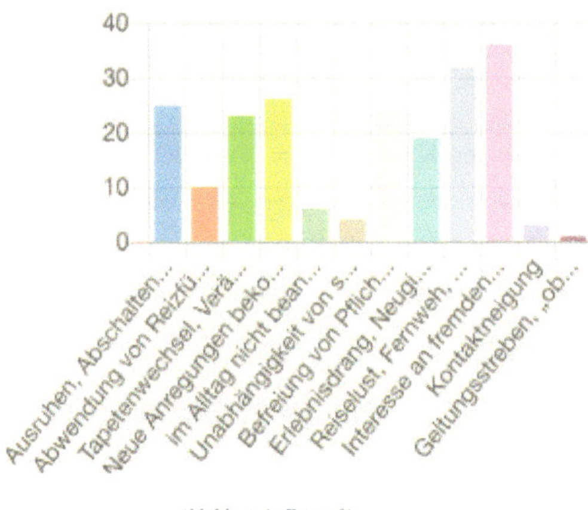

Abbildung 1: Frage f4

Die Mehrheit de Befragten wählten bei Frage f5 „Meinen Urlaub verbringe ich nicht an einem Ort, sondern bereise eine Gegend, die mich interessiert und die ich mir dann anschaue. (34), gefolgt von „Urlaub bedeutet für mich am Strand liegen, baden, sonnen und faulenzen." (23) und „Urlaub verbringe ich gerne in einer Runde von Freunden und Bekannten." (20). „In einem Urlaub versuche ich, mir in möglichst kurzer Zeit viel anzuschauen." traf für 14 Personen zu, während „Es ist ein Traum von mir, einmal um die Welt zu reisen." für 12 Personen relevant war. „Ich mache gerne Bildungs-, Studien- und Kulturreisen." Wurde von 11 Personen ausgewählt und lediglich eine Person wählte „Ich nehme gerne an organisierten Busreisen teil."

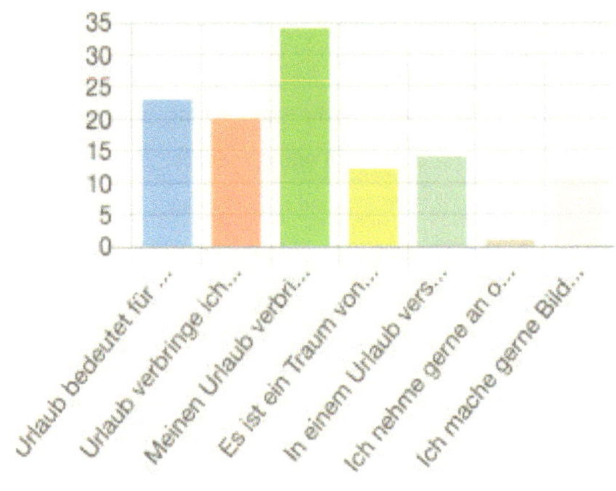

Abbildung 2: Frage f5

Hinsichtlich der Frage, welche Quellen zur Inspiration für zukünftige Reisen ausgewählt werden (f6), wurde „Internet – Google Suche" mit 38 Antworten am häufigsten gewählt. Darauf folgte „Freunde, Verwandte, Bekannte mit 28 Antworten, „Soziale Medien (Instagram, Facebook, Pinterest, etc.) – allgemein mit 23 und „Reiseführer online" mit 18 Antworten, sowie „Reisemagazine, Prospekte" (15) und „Reiseführer print" (8). Weniger häufig wurden „Soziale Medien - Stars, Influencer, Blogger, etc." (7) und am seltensten „Reisebüro" mit zwei Antworten gewählt. 5 Personen wählten unter der Kategorie „Sonstige" eine eigene Antwort: „Weltkarte anschauen welches Land als nächstes dran sein könnte", „Linz AG", „Google Maps" sowie „Opernpläne, Festivals, Festspieleinladungen, die schon von einem Jahr auf das nächte geplant werden und Opern und Konterte [sic!] zu besuchen bedeutet auch reisen, gezielt".

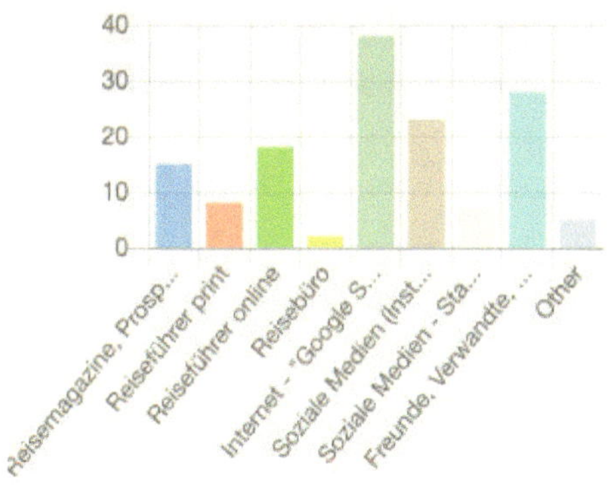

Abbildung 3: Frage f6

Bei Frage f7 beantworteten etwa zwei Drittel (68,09%) der Befragten den Satz „Ich plane meinen Urlaub______" mit „bereits zuhause, damit ich möglichst viel sehen und erleben kann, die Urlaubszeit bestmöglich nutze." und 13 Personen mit „erst vor Ort, informiere mich gegebenenfalls bereits vorab, aber lasse den Urlaub auf mich zukommen". Zwei der teilnehmenden Personen gaben keine Antwort.

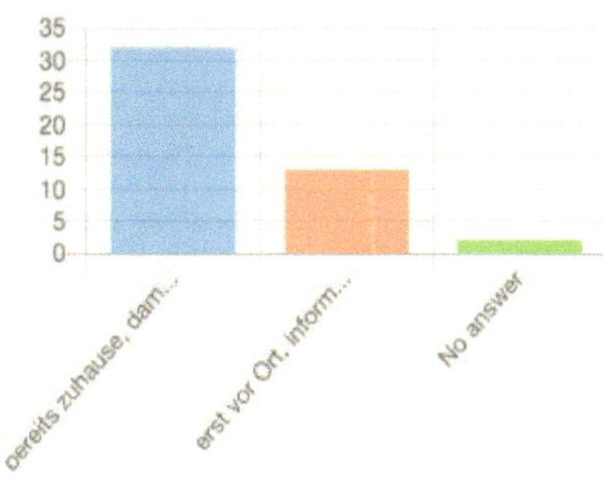

Abbildung 4: Frage f7

Die deskriptiven Variablen der Frage f8 werden aufgrund ihres Antwortformates, der fünf Punkte Likert Skala, in der folgenden Tabelle veranschaulicht.

Tabelle 1: Deskriptive Variablen f8

Item	1- Trifft völlig zu	2- Trifft zu	3- Teils teils	4- Trifft weniger zu	5- Trifft nicht zu	Arithmetisches Mittel	SD
1	11	18	12	4	2	2.32	1.07
2	9	14	17	6	1	2.49	1.02
3	0	13	9	13	12	3.51	1.16
4	12	14	10	6	5	2.53	1.3
5	2	5	4	19	17	3.94	1.13
6	26	8	2	8	3	2.02	1.38
7	5	13	14	9	6	2.96	1.2
8	16	17	8	4	2	2.13	1.12
9	10	16	14	6	1	2.4	1.04
10	6	26	11	3	1	2.3	0.86

3.3 Diskussion

Einige Ergebnisse zeigen hinsichtlich der Forschungsfrage besonders interessante Daten auf. Die Fragen f4 und f5 waren dem Themenbereich allgemeine Urlaubsmotive gewidmet. Diese sollten Aufschluss darüber geben, welche Aspekte der individuellen Bedeutungszuschreibungen von Tourismusräumen am ehesten zutreffen. Es scheint als wären Aspekte aller vier Kategorien nach Hartmann (1962) vertreten. Einerseits wird ein Erholung- und Ruhebedürfnis im Sinne von Ausruhen und Abschalten gepaart mit einem Drang nach Abwechslung und Ausgleich im Sinne eines Tapetenwechsels, einer Veränderung gegenüber dem Gewohnten und dem Gewinn neuer Eindrücke, an den Urlaub geknüpft. Die Befragten suchen nach einer Möglichkeit aus dem eigenen Alltag ausbrechen zu können und Neues zu erfahren. Andererseits besteht offenbar ein Erlebnisdrang gepaart mit Neugier und Reise- bzw. Wanderlust sowie ein allgemein hohes Interesse an fremden Ländern, Menschen und Kulturen.

Es scheint als würde das Erholungs- und Ruhebedürfnis weniger auf die Ruhe an sich im Sinne eines ereignislosen Tages am Liegestuhl des Hotelpools bezogen sein, sondern der Ruhe und Erholung vom alltäglichen Leben zuhause. Dies ist besonders gut erkennbar an der weniger ausgeprägten Antworthäufigkeit für „Abwendung von Reizfülle, keine Hast und Hetze". Reizfülle scheint offenbar willkommen zu sein, sofern diese auf neue Eindrücke aus der Urlaubsdestination beschränkt sind. Besonders interessant ist auch die geringe Ausprägung der Antwort „Unabhängigkeit von sozialen Regelungen, tun, was man will, sich frei und ungezwungen bewegen, auf niemand Rücksicht nehmen": es scheint als würde die Befragten zwar den Pflichten des Alltags entfliehen wollen, jedoch nicht auf Kosten der Mitmenschen den eigenen Egoismus ausleben. Dies spiegelt sich auch in der am wenigsten gewählten Antwort nach Geltungsstreben wider: die Befragten sehen sich als TouristInnen nicht als jemand höher gestellter.

Besonders auffallend sind auch die Ergebnisse von f5: die Befragten geben an, als Urlaubsdestination eher eine Region als einen einzigen Ort zu besuchen. Dies lässt darauf schließen, dass die Auseinandersetzung mit dem Tourismusraum bei manchen Befragten ausgeprägter stattfindet. Die am zweithäufigsten gewählte Antwort bezieht sich auf Personen die offenbar einen rein stationären (Hotel)-urlaub bevorzugen. Hier zeigt sich bereits eine mögliche Interpretation der Differenz zwischen Erwartung an und Realität eines Urlaubs: im geschützten und eher monotonen Umfeld eines Hotels scheint das Erfüllen der eigenen Erwartungen wesentlich wahrscheinlicher als auf einer Individualreise durch eine gesamte Region. Ebenso scheint es als würden die Befragten eine individuelle Reiseform einer pauschal organisierten Busreise bevorzugen.

Die Fragen f6 und f7 waren der Urlaubsvorbereitung gewidmet, welche als Hauptquelle von Imagination und Entwicklung des persönlichen Tourismusraums bezeichnet werden kann. Die Mehrheit der TeilnehmerInnen gab an, ihre Urlaubsreise bereits vorab zu planen. Dafür konsultiert wurden einerseits das Internet durch die Suchplattform Google, aber auch das persönliche Umfeld der Befragten, sowie Online-Reiseführer und soziale Medien. Besonders schwierig gestaltet sich hier die Bewertung hinsichtlich der Neutralität der Informationen, da alle Quellen durch die subjektive Wahrnehmung (des Verfassers der Internetseite, oder der eigenen Erfahrung der Verwandtschaft) beeinflusst werden. Letztendlich beeinflusst auch die eigene Vorerfahrung die Aufnahme der Informationen. Besonders interessant ist auch die das geringe Interesse, Reiseinformationen im Reisebüro aufzusuchen. Dieses könnte einerseits Pandemie – bedingt, andererseits aber einer generellen Weiterentwicklung und Individualisierung des Reisegewohnheiten geschuldet sein. Positiv anzumerken ist, dass nach wie vor die Bewertung von Destinationen durch Stars und InfluencerInnen in den sozialen Medien weniger Auswirkungen auf das Urlaubsverhalten hat als angenommen.

Die letzte Frage f8 bezieht sich direkt auf die eigene Urlaubswahrnehmung der Befragten. Es scheint, als wäre die Besichtigung von den bekannten Sehenswürdigkeiten (M=2.32) wichtiger als das Kennenlernen von Kultur und Traditionen Destination (M=2.49). Der Aussage „Der Urlaub muss meine Erwartungen nicht erfüllen." Wurde durchschnittlich mit M=3,51 beantwortet, wodurch eine Tendenz zur Wichtigkeit der Erfüllung der eigenen Erwartungen erkennbar ist. Item 4 zeigt, dass die Erwartungen an die Reise bereits zuhause entstehen (M=2.53). Besonders eindeutig ist die offensichtliche Gleichgültigkeit darüber, ob das persönliche Umfeld über die Umstände der Reise Bescheid weiß (M=3.94) und wie dieses die Reise bewertet (negative Formulierung: M=2.02). Die Schönheit der Urlaubsbilder ist annähernd neutral bewertet (M=2.96), während der Genuss der Sehenswürdigkeit eindeutig über der Anfertigung eines Fotos steht (M=2.13). Hinsichtlich der ehrlichen Reflexion über die Erfüllung der Erwartungen an den Urlaub ist eine leicht positive Tendenz (M=2.4) erkennbar: die Befragten scheinen Erwartungen und Erlebtes durchaus zu vergleichen und nicht erfüllte Erwartungen auch weiterzugeben. Ebenso ist eine leicht positive Tendenz (M=2.3) hinsichtlich des Items 10 „Meine Urlaube erfüllen normalerweise immer meine Erwartungen" erkennbar. Es scheint als würde hier dennoch die sinnliche Erfahrung der selbst konstruierten Tourismusräume den tatsächlich realen Gegebenheiten zuvorkommen.

4. Fazit

Bei der Forschungsfrage wurde versucht den Ursprung des subjektiven Bildes von Tourismusräumen zu ergründen indem einerseits historische Parameter analysiert, aber auch die inhärente Wechselbeziehung zwischen Mensch und Umwelt in diesem Zusammenhang erforscht wurden. Die empirische Untersuchung sollte dazu aktuelle Forschungsergebnisse liefern.

Einerseits scheint es als würde die Ästhetisierung von Räumen bis hin zur Fiktion historisch durch die Arbeit von Dichtern und Malern bedingt sein, andererseits deuten die Ergebnisse der Arbeit darauf hin, dass diese Gewohnheit in der Natur des Menschen liegt, da heute diese Praxis durch Fotografen mit Bildbearbeitungsprogrammen fortgesetzt wird. Darüber hinaus wirkt der Mensch als Tourist mit seinen Erwartungen und seinem Verhalten auf die Tourismusdestination und verändert diese maßgeblich: der Tourismusraum passt sich an den Touristen an. So entspricht einerseits die Vorstellung nicht der Realität aber auch die Destination weicht in ihrer Erscheinung vom ursprünglichen Bild ab.

Die Ergebnisse der empirischen Untersuchung deuten darauf hin, dass das Erleben des Tourismusraums im Vordergrund steht und eine gewisse kritische Reflexion hinsichtlich nicht erfüllter Erwartungen nach dem Urlaub durchaus angeregt wird. Dennoch scheint es als würde die Mehrheit der Befragten ihre eigenen sinnlichen Erfahrungen der selbst konstruierten Tourismusräume über die tatsächlich realen Gegebenheiten stellen.

Dennoch ist es schwierig aus den empirischen Ergebnissen tatsächlich gültige Aussagen zu treffen. Es wurde beispielsweise das Reflexionsverhalten nicht näher erfragt bzw. wurde nicht wie bei der Studie von Fischer (1984, in Hennig, 1999) eine Befragung vor Ort durchgeführt. Um das Thema besser ergründen zu können bedarf es weiterer Studien, welche den gesamten Prozess, vor, während und nach einer Reise dokumentieren, um Aufschluss darüber zu erhalten, ob tatsächlich eine kritische Reflexion der eigenen Erwartungen im Kontrast zum tatsächlichen Erlebten stattgefunden hat.

Literaturverzeichnis

Butler, R. W. (1980). The concept of a tourist area cycle of evolution. Implications for management of resources. . *Canadian Geographer 24 (1)*, 5-12.

Craik, J. (1995). Are there cultural limits to tourism? *Journal of Sustainbale Tourism*, 87-98.

Crang, M. (2004). Cultural Geographies of Tourism. In A. A. Lew, C. M. Hall, & A. M. Williams, *A Companion to Tourism* (S. 74-84). Oxford: Blackwell.

Hartmann, K. D. (1962). *Gruppierung von Urlaubsbedürfnissen aufgrund der DIVO.* Starnberg: Studienkreis für Tourismus e. V.

Hennig, C. (1999). *Reiselust - Touristen, Tourismus und Urlaubskultur.* Berlin: Suhrkamp.

Hopfinger, H. (2007). Geographie der Freizeit und des Tourismus. In H. Gebhardt , R. Glaser, U. Radtke, P. Reuber , & A. Vött, *Geographie - Physische Geographie und Humangeographie* (S. 713-732). Heidelberg: Springer.

Kaspar, C. (1996). *Die Tourismuslehre im Grundriss.* Bern: Haupt.

LimeSurvey GmbH. (2022). Lime Survey (Version 5.3.19) Abgerufen von https://www.limesurvey.org/de/

Mörth, I., & Steckenbauer, C. (2006). *Soziologie Uni Linz.* Von Reisemotive: http://soziologie.soz.uni-linz.ac.at/sozthe/freitour/skriptum/Reisemotive.doc abgerufen.

Organisation, W. T. (2008). *UNWTO.* Von GLOSSARY OF TOURISM TERMS: https://www.unwto.org/glossary-tourism-terms abgerufen

Picard, M. (2008). Balinese identity as tourist attraction. *Sage - Tourist Studies*, 155-173.

Strummel, B. (2021). Das Paradies auf Erden oder mehr Schein als Sein? In *Geographie heute Nr. 353.* Hannover: Friedrich.

Urry, J., & Larsen, J. (2011). *The Tourist Gaze 3.0.* London: Sage.

Wöhler, K., Pott, A., & Denzer, V. (2010). *Tourismusräume - Zur soziokulturellen Konstruktion eines globalen Phänomens.* Bielefeld: Transcript.

Abbildungsverzeichnis

Tabellenverzeichnis

BEI GRIN MACHT SICH IHR WISSEN BEZAHLT

- Wir veröffentlichen Ihre Hausarbeit,
  Bachelor- und Masterarbeit

- Ihr eigenes eBook und Buch -
  weltweit in allen wichtigen Shops

- Verdienen Sie an jedem Verkauf

Jetzt bei www.GRIN.com hochladen
und kostenlos publizieren